U0283793

kaka hand knitting

卡卡
手作

蕾 丝 物 语

张卡 著

中国建材工业出版社

本书作者与志田老师合影

手作梦想

半夜收到日本手作大师志田瞳为我作品集的签名推荐，这是志田瞳大师首次为中国设计师倾心点赞，当真是心绪澎湃，彻夜难眠，几十年的手作追梦岁月蓦然涌上心间，历历在目。

记忆里妈妈每天总是不停地绣花，内容多半是些花花草草。印象最深的是我的一件天蓝色上衣，半边绣着葡萄架，满满的全是叶子和大串的葡萄，一针一线里绣满了妈妈无尽的爱。

上小学后很多女生开始学做手工，织发带、钩头花、做布娃娃。我也是其中的一个，尤其钟爱手工编织。妈妈不善于织毛衣，家里没有太多零碎毛线可用，我只好偷偷把妈妈给我织的红毛衣袖子拆了。那年秋天，秘密最终还是被发现了，妈妈狠狠地揍了我一次。我的手作之旅，便由此开端。

小学三年级的冬季，我织了双手套，五个手指颜色各异，搭配得当，得到班主任公开表扬。

最有成就感的一次创作是在初中，堂妹要去参加六一儿童节演出，家人只顾着让堂妹练习表演节目，却忘了买红裙子。晚上，堂妹着急得眼泪汪汪。我拿出来自己珍藏的红色马海毛，连夜给她钩了一件背带裙子和两朵头花，第二天堂妹穿着我的作品，兴高采烈地参加了演出。

手作是我的生活方式，更是我的真爱。曾在除夕夜跑到卖毛线人家中，借助手电打开箱子选颜色。也曾为完成一件作品花型与颜色的衔接，可以通宵缝拆十几次。几乎所有的寒暑假都在一团团毛线中匆匆度过。高中时代，我穿着自己设计制作的服装去上学，左邻右舍的女孩子们织毛衣都会请教我款式和颜色搭配，在同学和邻里之间，我就是大家心中的服装设计师，我的梦想也是站在 T 台的中心手捧鲜花微笑着谢幕。

感谢在中央工艺美院和北京服装学院，让我幸遇袁杰英教授，刘元风教授，肖文陵教授、乌日金教授、赵建教授等两院的优秀老师，他们在我求学的过程中一直鼓励我追求自己的梦想。

2003 年 5 月，我加入三利集团。2004 年 4 月，一个偶然的机会，我被集团总裁王克杰先生调到总部工作，开始真正了解毛线——羊毛从羊身上剪下来到人身上的每一个过程，这些在三利总部都能一一洞悉。

2005 年 8 月的一天，我再次偶遇王总，他计划开一家手工编织定制店，主要以进口花式线为主，尝试高端手工定制模式。我几乎看到了我手作梦想的雏形，当即积极响应说：我可以去尝试做这个新项目。

从 2005 年项目启动，倏忽间已整整 10 年。最令人难忘的是，我们联合中国妇女发展基金会发起了"爱心编织"，北京地区就有上千位爱心妈妈，共同手工编织 5000 件儿童毛衣，捐赠给 5.12 大地震灾区的孤儿们，希望她们也能够体会到妈妈手工的温暖，感受到母亲无私的关爱。

十年间，在三利集团，我的手作梦想一天天变成可以触摸的现实。特别感谢三利集团总裁王克杰先生和集团副总裁芦虎先生，因为他们的培养和支持，让我走出国门，大胆地引进世界各地优质花式线，让手工编织开始时装化、年轻化。

感谢这 10 年来，我在手作梦想之路上遇到的每一位手工大师、民间高手、手工爱好者、原料生产者、媒体宣传者，给我提供了一个广阔的成长平台，感恩妈妈的遗传，让我如此痴迷于这一针一线中的魅力。

简单、时尚，一直是我追求的编织理念，我非常喜欢平针的塑造，此次出版的作品集收录的也大多是简单的针法和款式，我力图凭借这样纯粹的、毫无矫饰的作品，将织物本真的质朴之美、简约之美展示于读者面前。

我希望这是一个抛砖引玉的美好发端，藉此每个人都能领会，自己双手可以迸发无限的潜能。每一位手作者，尤其是织者由于对材质、针法、款式、色彩、效果、意境的理解不同，会产生千万个形态各异、匠心独具的作品，而每一件作品都是手作者思想的诠释、情感的表达、梦想的再现。

追梦的过程是最美好的经历。因为，梦想在每一个人的心中，都是一颗种子，无论大小，都无比坚强，这是一种看不见的生命力，只要生命存在，梦想的力就要显现，再坚硬的石块，也无法阻挡。

致每一位有手作梦想的人，以种子的力量，成长！

张卡

2015 年 7 月 8 日

2006 年作者在日本宝库社广濑光治教室学习

2014 年 3 月，作者在德国 addi 公司与 addi 执行总裁托马斯先生合影

2014 年 12 月，作者与法国导演让·雅克·阿诺，在《狼图腾》电影视觉展示会上交流

2010 年 3 月 8 日，作者在人民大会堂和全国妇联副主席宋秀岩合影

2015 年 3 月，作者与德国魔球 SCHOPPL 总裁肖伯恩先生在德国 h+h 展会上合影

感谢

本书得以付梓的幕后英雄，感谢您们在封面设计、文字校对、文稿润色、出版安排等方面的工作给我带来的巨大帮助与启发。谢谢您们！

佟令玫　修岩　汪林中　吴闯　常小娜

蔡宝婷　车文　董凤莲　董艳　戴敏

逄桂　顾建群　高宇博　郭兰芳　耿义华

霍红云　何绍平　何琦　何卫　郝鹏飞

金凯　贾珊梅　奎勇　李萍禄　李硕

李晓娣　李亚楼　李小薇　李姗姗　李换

李谦　李艳丽　李森　刘欣　刘建召

刘俐　刘志晓　刘慧芳　刘秀琴　刘恒

芦虎　卢宏　卢芳　吕珍远　林慧琼

马华民　马翡　马敢　马晨　马京梅

孟祥杰　孙语晗　孙新鹃　宋艳民　时绣花

孙燕　苏斌　宋缙　唐宁　汤亚敏

王克杰　王超田　王新谱　王红青　王晶辉

王安岭　吴江晶　文亚　吴蕾　徐和平

许栩　徐铭泽　徐渊　解丰英　谢淑萍

颜葵　颜培涛　杨宏　杨国海　杨虹

于燕　于桂花　叶海燕　张宽芳　张金俊

张燕　张锦春　张莉　张细雨　张娇容

张朝贤　张利峰　张国民　张献民　张毅鸿

张晓丽　赵阁　朱慧芳　郑淑碧　周炎春

张翠丽　张丽萍

目 录

01
蓝色翻领外套

02
白色花边领外套

03
六角花裙

04
蓝色短袖开衫

05
粉色拼花长针开衫

06
紫色长针开衫

07
黑色 V 领衫

08
黑色网衫

09
白色飞袖开衫

10

蓝色拼花披肩

11
黄色短袖

12
魔球长裙

13
长方形茉莉花披肩

14
粉色拼花开衫

15
圆筒背心裙

16
白色桌布衣

17
白色长方形带袖披肩

18
紫色拼花小衫

19
蓝色开衫

20
藏蓝披肩

01

蓝色翻领外套

* 使用线：ka N5 蕾丝 / 5 团
* 使用针号：3/0

单元花（直径2cm）

衣领

衣边

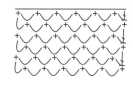

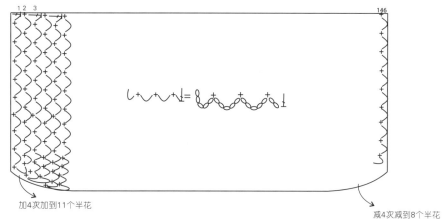

加4次加到11个半花

减4次减到8个半花

单元花连接走势示意

袖边

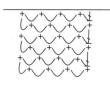

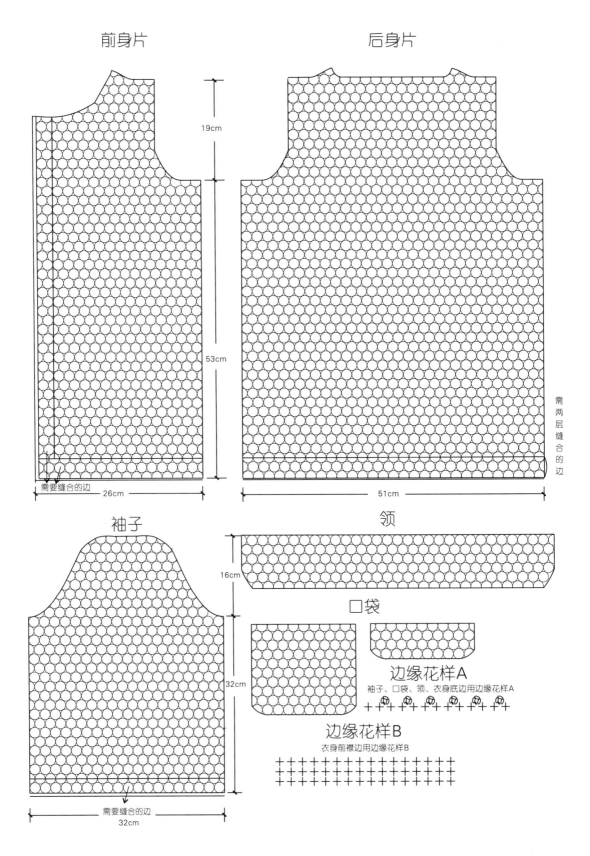

前身片

后身片

19cm

53cm

需要缝合的边

26cm

51cm

需两层缝合的边

袖子

领

16cm

口袋

32cm

边缘花样A
袖子、口袋、领、衣身底边用边缘花样A

边缘花样B
衣身前襟边用边缘花样B

需要缝合的边
32cm

02

白色花边领外套工艺图

* 使用线：ka N5 蕾丝 / 5 团
* 使用针号：3/0

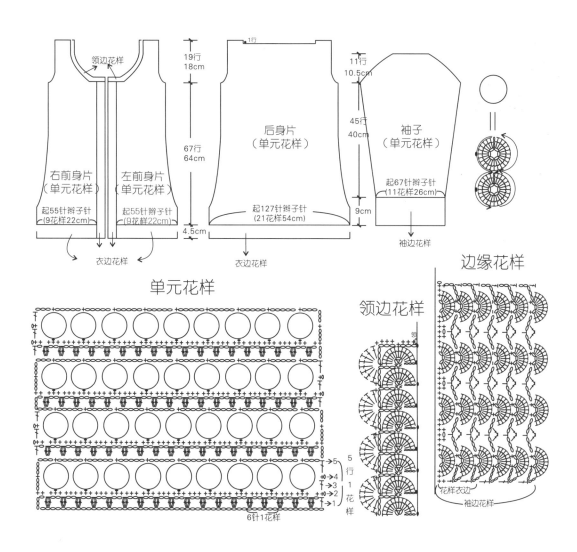

后领

后领中心

袖子

袖子中心

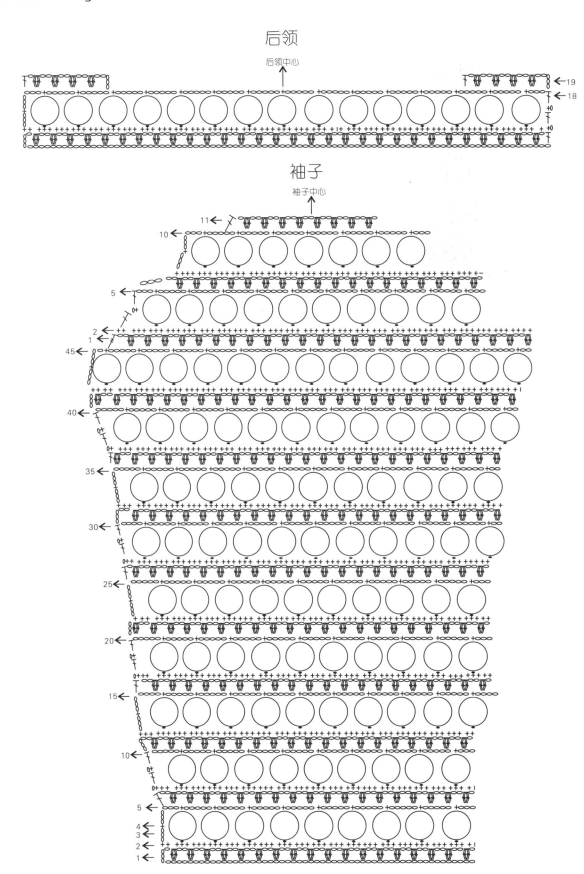

袖

笼

前

领

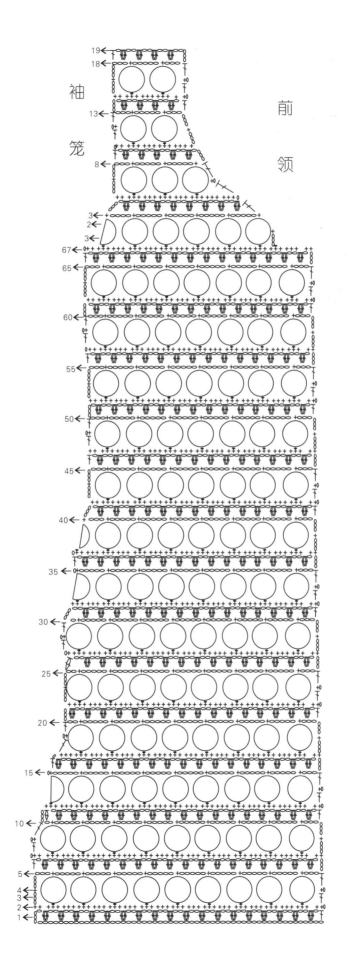

03

六角花裙

* 使用线：ka N5 蕾丝 / 5 团
* 使用针号：3/0

边缘挑针方法

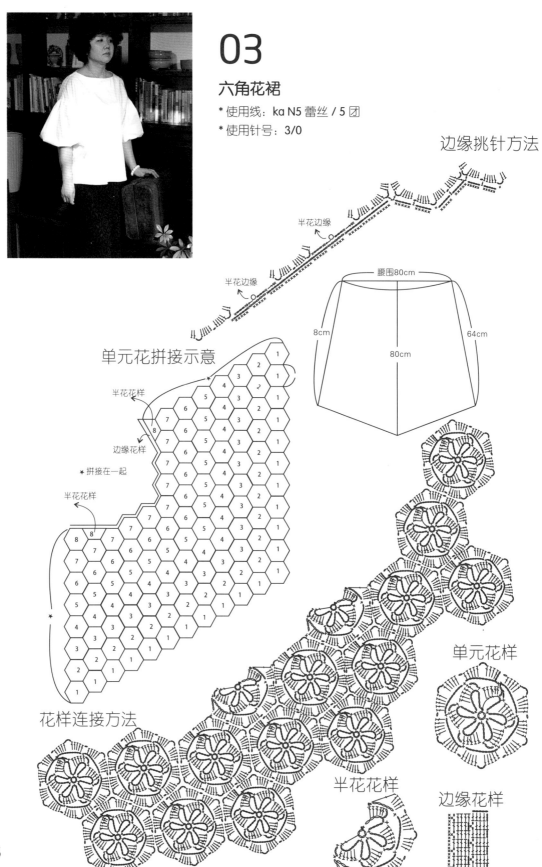

单元花拼接示意

半花花样

边缘花样

★拼接在一起

半花花样

花样连接方法

半花边缘

半花边缘

腰围80cm

8cm

80cm

64cm

单元花样

半花花样

边缘花样

04

蓝色短袖开衫

* 使用线：ka N5 蕾丝 / 5 团
* 使用针号：3/0

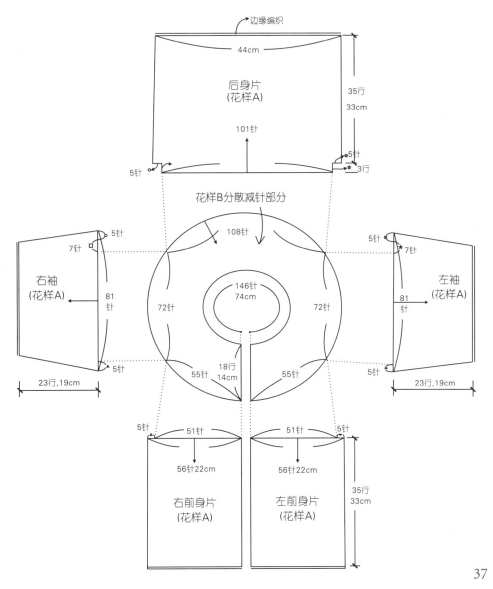

边缘编织

44cm

后身片
(花样A)

35行
33cm

101针

5针
5针
3行

花样B分散减针部分

108针

5针
7针

右袖
(花样A)

81
针

5针

23行,19cm

5针
7针

左袖
(花样A)

81
针

5针

23行,19cm

72针

146针
74cm

72针

18行
14cm

55针

55针

5针
51针

5针
51针

56针22cm

56针22cm

35行
33cm

右前身片
(花样A)

左前身片
(花样A)

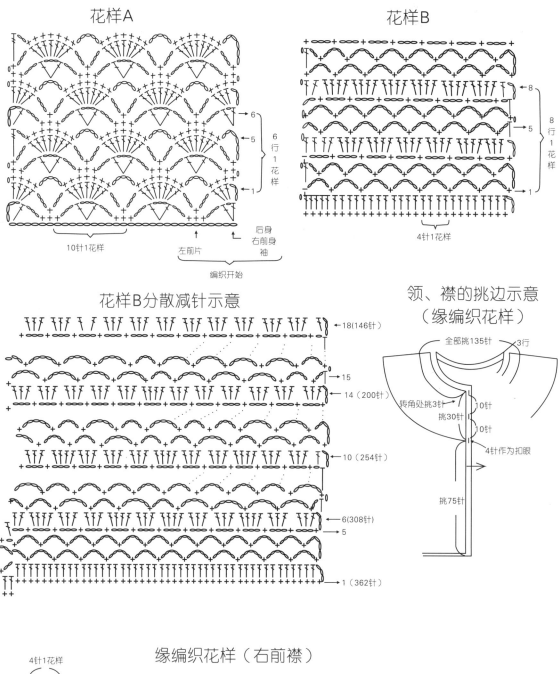

花样A

花样B

10针1花样　左前片　后身 右前身 袖　编织开始

6行1花样

8行1花样

4针1花样

花样B分散减针示意

←18(146针)

←15
←14（200针）

←10（254针）

←6(308针)

←5
←1（362针）

领、襟的挑边示意
（缘编织花样）

全部挑135针　3行
转角处挑3针　10针
挑30针　10针
4针作为扣眼
挑75针

缘编织花样（右前襟）

4针1花样
转角处挑3针
（10针）（4针）（10针）（4针）（75针）

3
2
1

05

粉色拼花长针开衫

* 使用线：ka N5 蕾丝 / 5 团
* 使用针号：3/0

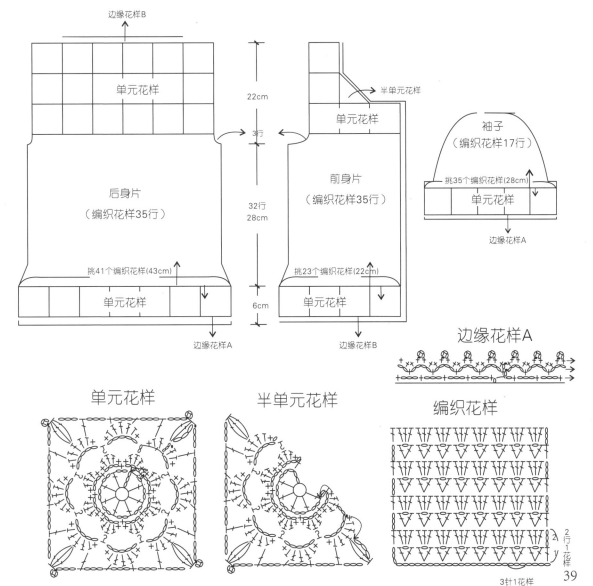

边缘花样B

单元花样

22cm

半单元花样

单元花样

3行

袖子
（编织花样17行）

挑35个编织花样(28cm)

单元花样

后身片
（编织花样35行）

前身片
（编织花样35行）

32行
28cm

边缘花样A

挑41个编织花样(43cm)

挑23个编织花样(22cm)

单元花样

单元花样

6cm

单元花样

边缘花样A

边缘花样A

边缘花样B

单元花样

半单元花样

编织花样

2行1花样

3针1花样

隔
15
针
留
扣
眼

边缘花样B

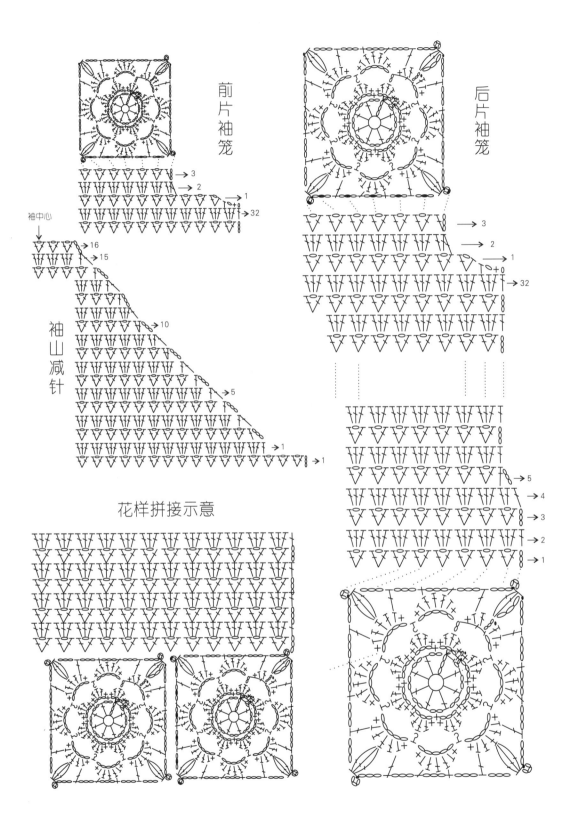

前片袖笼

后片袖笼

袖中心

袖山减针

花样拼接示意

06

紫色长针开衫

* 使用线：ka N5 蕾丝 / 5 团
* 使用针号：3/0

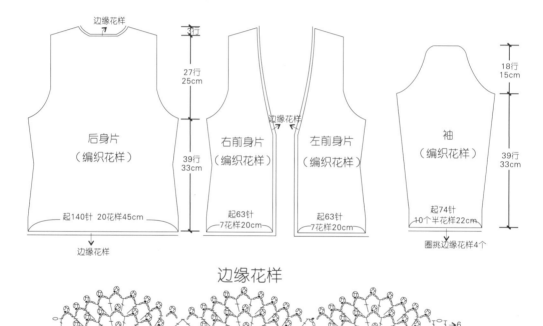

边缘花样
3行

后身片
（编织花样）

27行
25cm

39行
33cm

起140针 20花样45cm

边缘花样

右前身片
（编织花样）

边缘花样

起63针
7花样20cm

左前身片
（编织花样）

起63针
7花样20cm

袖
（编织花样）

18行
15cm

39行
33cm

起74针
10个半花样22cm

圈挑边缘花样4个

边缘花样

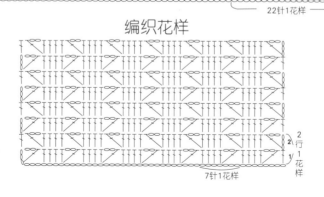

→6
→5
→4
→3
→2
→1

22针1花样

编织花样

2行
1花样

1

7针1花样

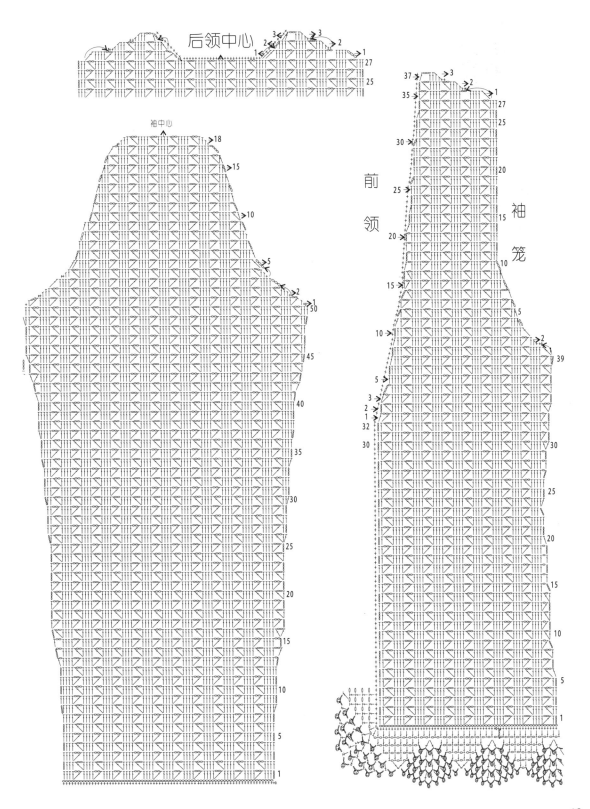

后领中心

袖中心

前领

袖笼

07

黑色 V 领衫

* 使用线：ka N5 蕾丝 / 5 团
* 使用针号：3/0

后片

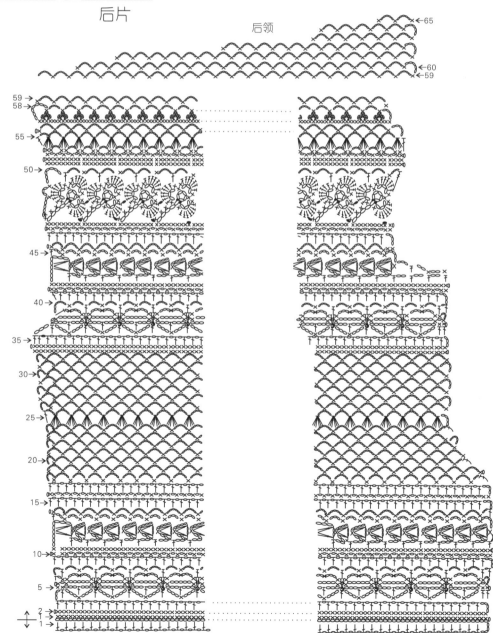

后领

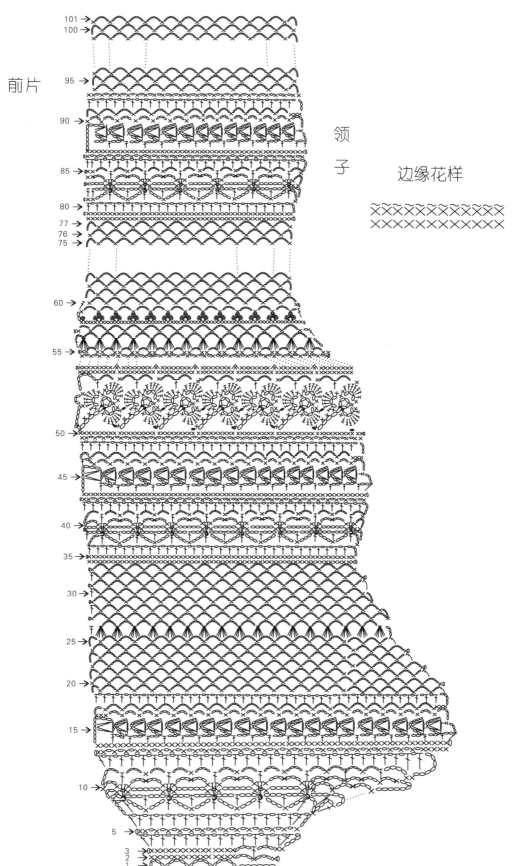

前片

领子

边缘花样

后身片底边花样

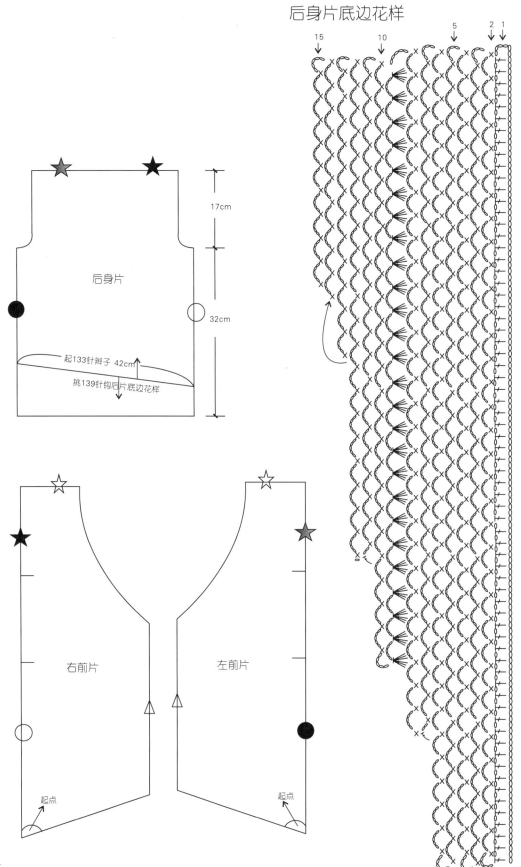

15   10   5 2 1

17cm

后身片

32cm

起133针辫子 42cm

挑139针钩后片底边花样

右前片

左前片

起点

起点

袖 子

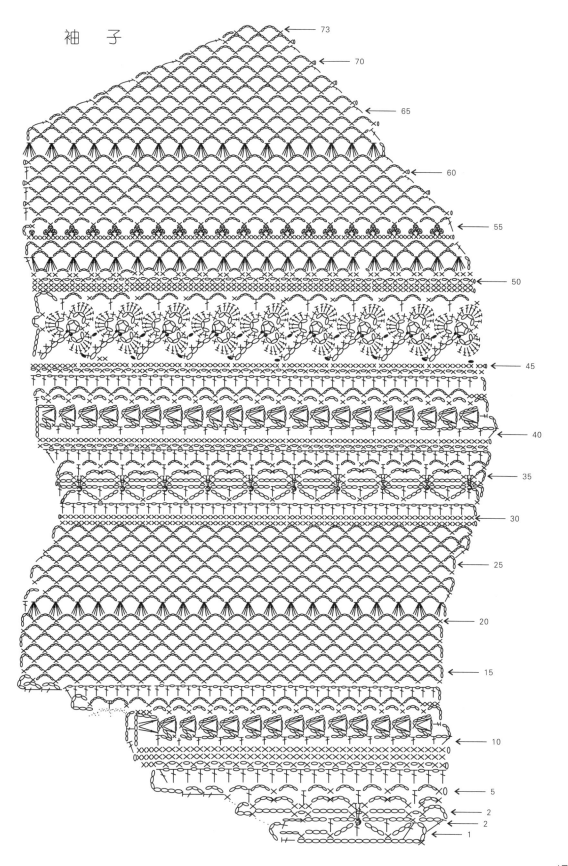

08

黑色网衫

* 使用线：ka N5 蕾丝 / 5 团
* 使用针号：3/0

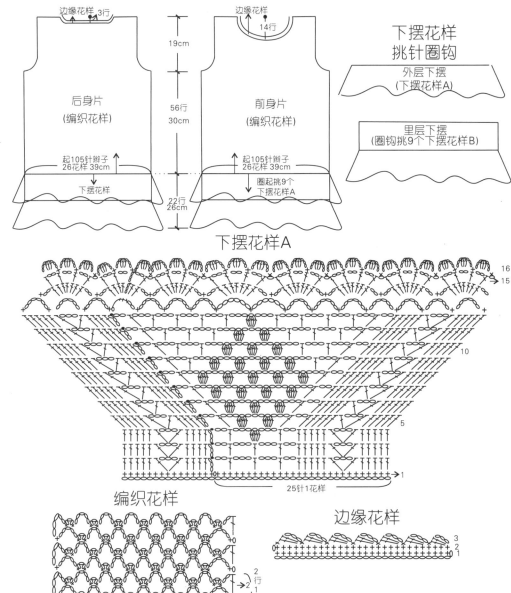

边缘花样 3行

边缘花样 14行

后身片
(编织花样)

前身片
(编织花样)

19cm

56行
30cm

起105针辫子
26花样 39cm

起105针辫子
26花样 39cm

下摆花样

圈起挑9个
下摆花样A

22行
26cm

下摆花样
挑针圈钩

外层下摆
(下摆花样A)

里层下摆
(圈钩挑9个下摆花样B)

下摆花样A

16
15

10

5

1

25针1花样

编织花样

边缘花样

2
行
2
1 花
1 样

4针1花样

3
2
1

下摆花样B

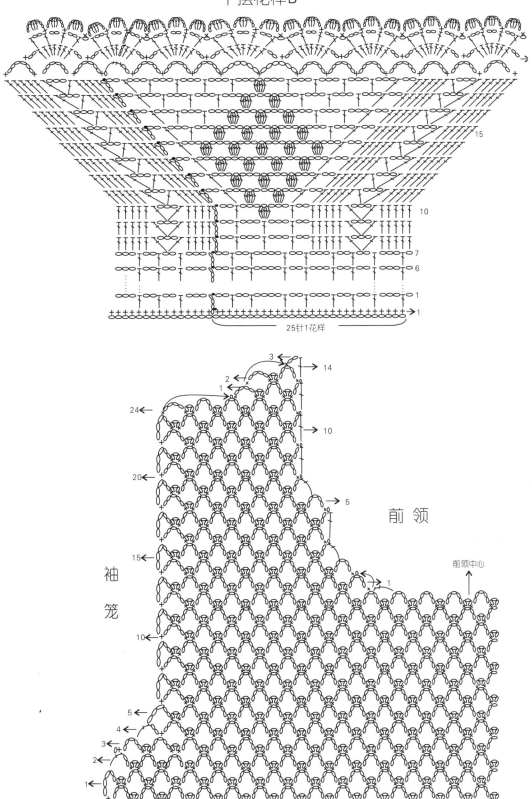

后 领

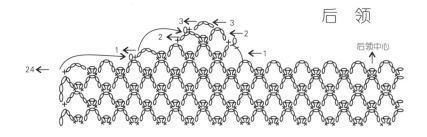

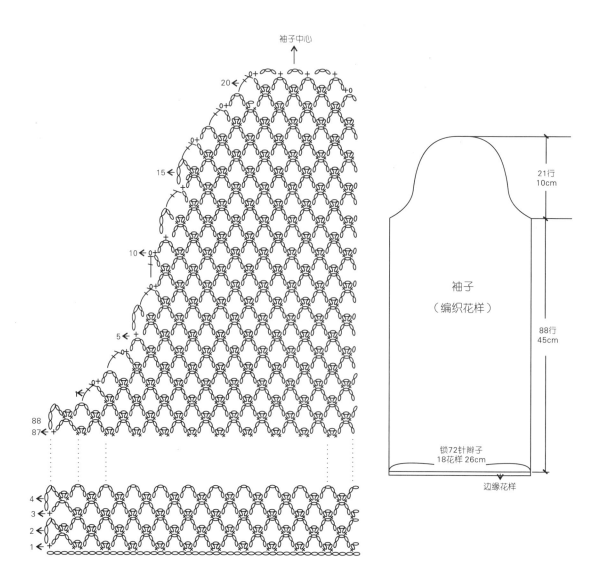

后领中心

24←

3 3
2 2
1 1

袖子中心

20

15

10

5

88
87

4
3
2
1

21行
10cm

袖子
（编织花样）

88行
45cm

锁72针辫子
18花样 26cm

边缘花样

09

白色飞袖开衫

* 使用线：ka N5 蕾丝 / 5 团
* 使用针号：3/0

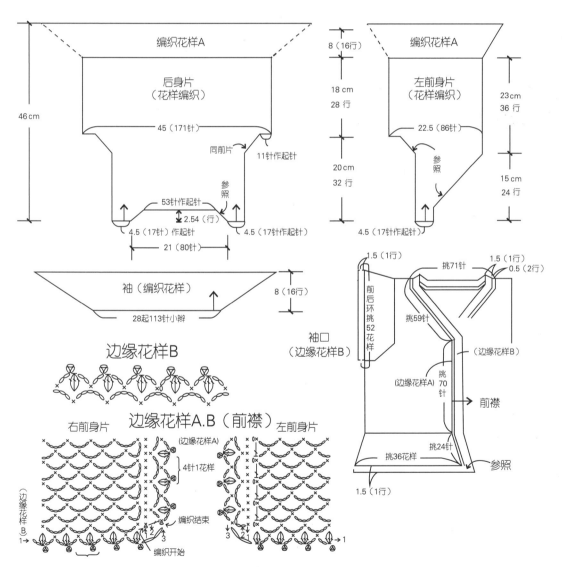

编织花样A

后身片
（花样编织）

46 cm

45（171针）

同前片

11针作起针

参照

53针作起针

2.54（行）

4.5（17针）作起针

4.5（17针作起针）

21（80针）

8（16行）

18 cm
28 行

20 cm
32 行

编织花样A

左前身片
（花样编织）

23cm
36 行

22.5（86针）

参照

15 cm
24 行

4.5（17针作起针）

袖（编织花样）

8（16行）

28起113针小辫

边缘花样B

右前身片　边缘花样A.B（前襟）　左前身片

（边缘花样A）

4针1花样

（边缘
花样
B）
1

编织结束

1　2　3

3　2　1

编织开始

袖口
（边缘花样B）

1.5（1行）

挑71针

1.5（1行）
0.5（2行）

前后环挑52花样

挑59针

（边缘花样B）

（边缘花样A）

挑70针

前襟

挑36花样

挑24针

参照

1.5（1行）

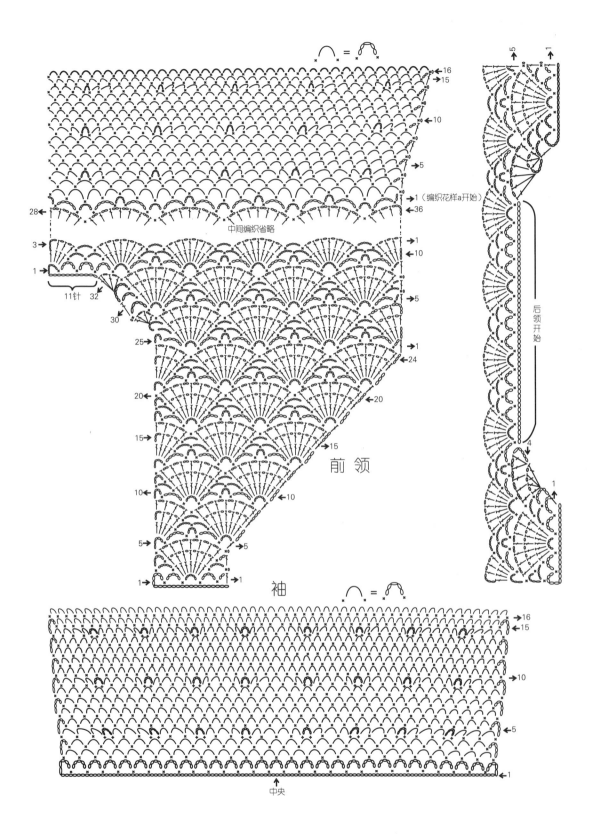

前 领

袖

中央

10

蓝色拼花披肩

* 使用线：ka N5 蕾丝 / 5 团
* 使用针号：3/0

单元花样拼接示意

边缘花样钩编示意

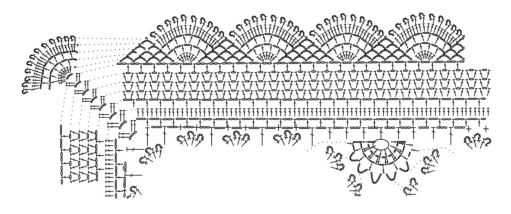

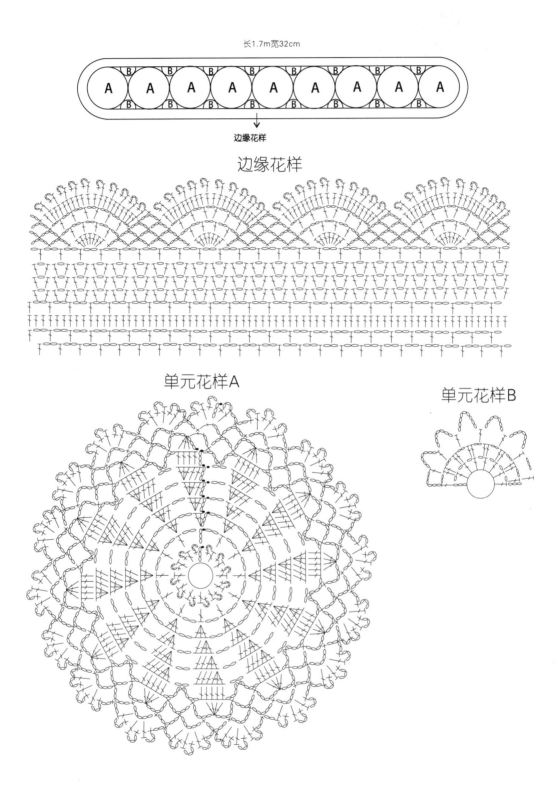

长1.7m宽32cm

边缘花样

边缘花样

单元花样A

单元花样B

11

黄色短袖

* 使用线：ka N5 蕾丝 / 5 团
* 使用针号：3/0z

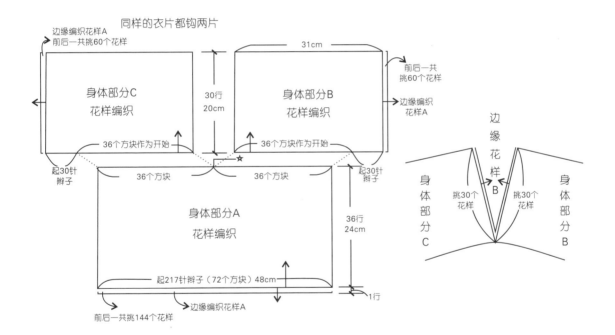

同样的衣片都钩两片

边缘编织花样A
前后一共挑60个花样

31cm

身体部分C
花样编织

身体部分B
花样编织

30行
20cm

前后一共挑60个花样

边缘编织花样A

36个方块作为开始

36个方块作为开始

边缘花样

起30针辫子

36个方块

36个方块

起30针辫子

身体部分A
花样编织

36行
24cm

身体部分C

挑30个花样

B

挑30个花样

身体部分B

起217针辫子（72个方块）48cm

1行

前后一共挑144个花样

边缘编织花样A

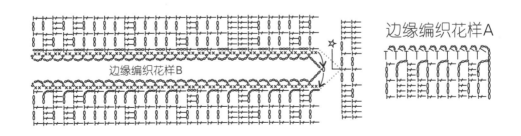

边缘编织花样B

边缘编织花样A

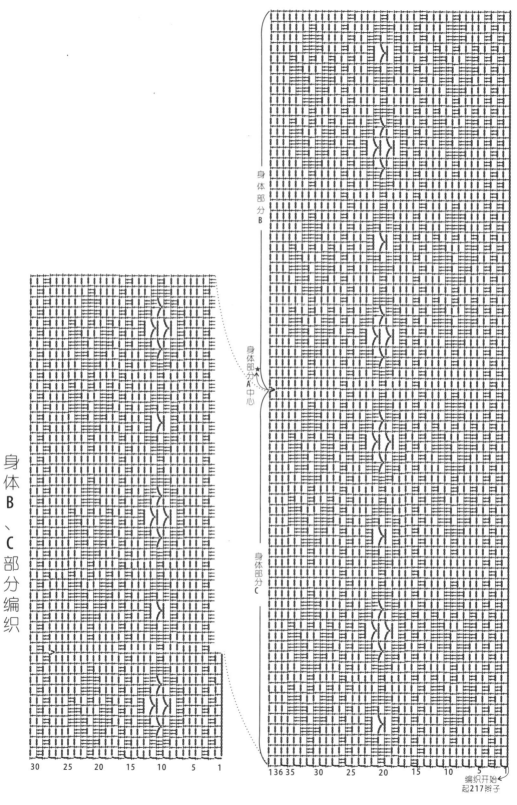

身体部分B

身体A部分编织

身体B、C部分编织

身体部分A中心★

身体部分C

30 25 20 15 10 5 1

136 35 30 25 20 15 10 5 1

编织开始
起217辫子

12

魔球长裙

* 使用线：ka N5 蕾丝 / 5 团
* 使用针号：3/0

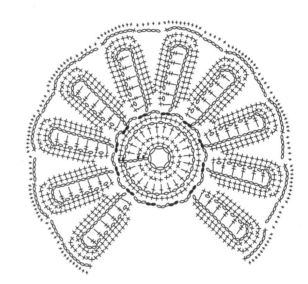

单元花

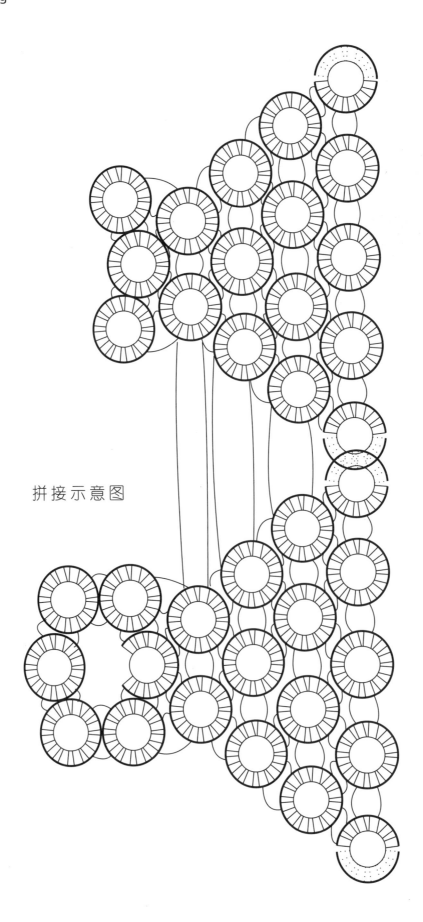

拼接示意图

13

长方形茉莉花披肩

* 使用线：ka N5 蕾丝 / 5 团
* 使用针号：3/0

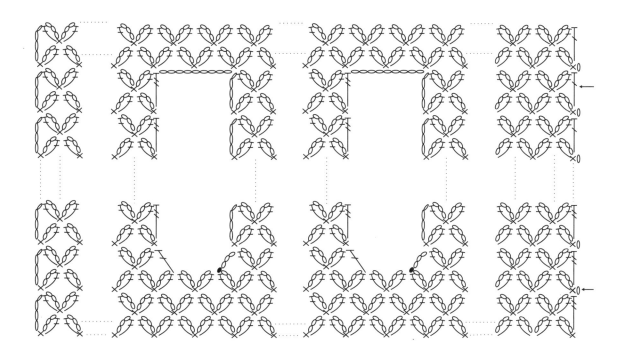

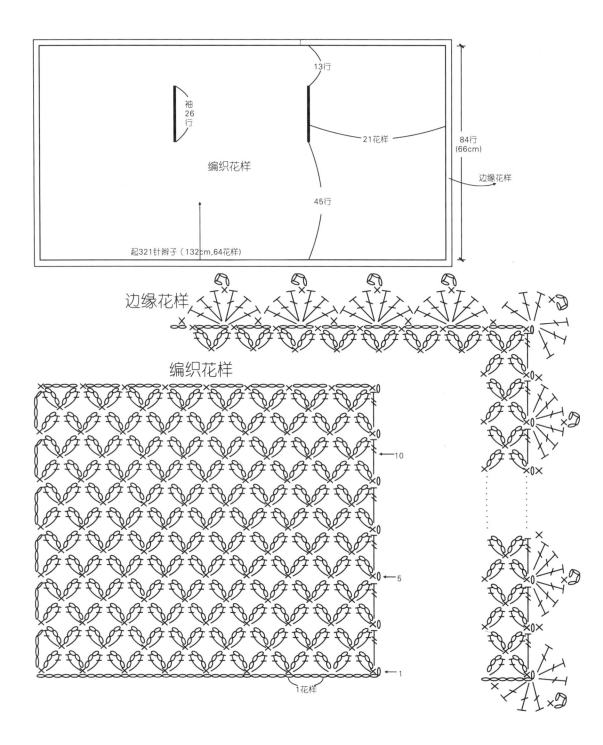

袖
26
行

13行

21花样

84行
(66cm)

边缘花样

编织花样

45行

起321针辫子（132cm,64花样）

边缘花样

编织花样

10

5

1

1花样

14

粉色拼花开衫工艺图

* 使用线：ka N5 蕾丝 / 5 团

* 使用针号：3/0

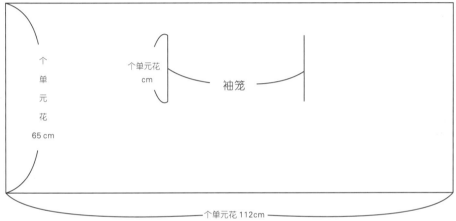

个单元花 65 cm

个单元花 cm

袖笼

个单元花 112cm

单元花拼接

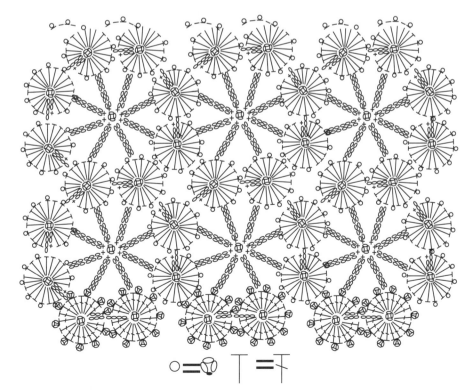

15

圆筒背心裙

* 使用线：ka N5 蕾丝 / 5 团

* 使用针号：3/0

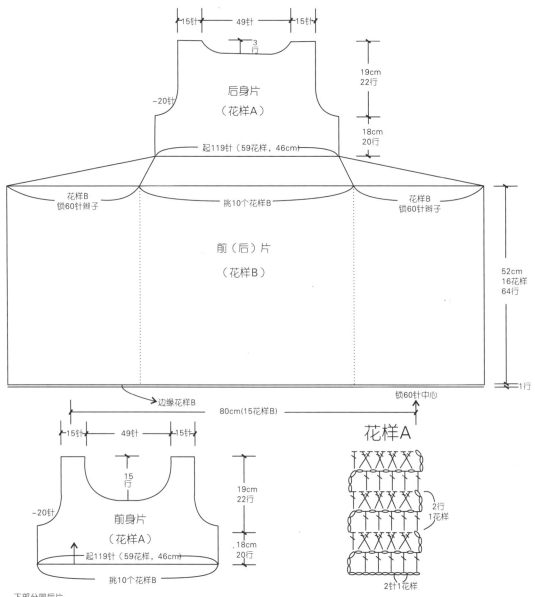

后身片
（花样A）

15针　49针　15针

3行

19cm
22行

18cm
20行

-20针

起119针（59花样，46cm）

花样B
锁60针辫子

挑10个花样B

花样B
锁60针辫子

前（后）片

（花样B）

52cm
16花样
64行

1行

边缘花样B

锁60针中心

80cm（15花样B）

前身片
（花样A）

15针　49针　15针

15行

19cm
22行

-20针

18cm
20行

起119针（59花样，46cm）

挑10个花样B

花样A

2行
1花样

2针1花样

下部分同后片

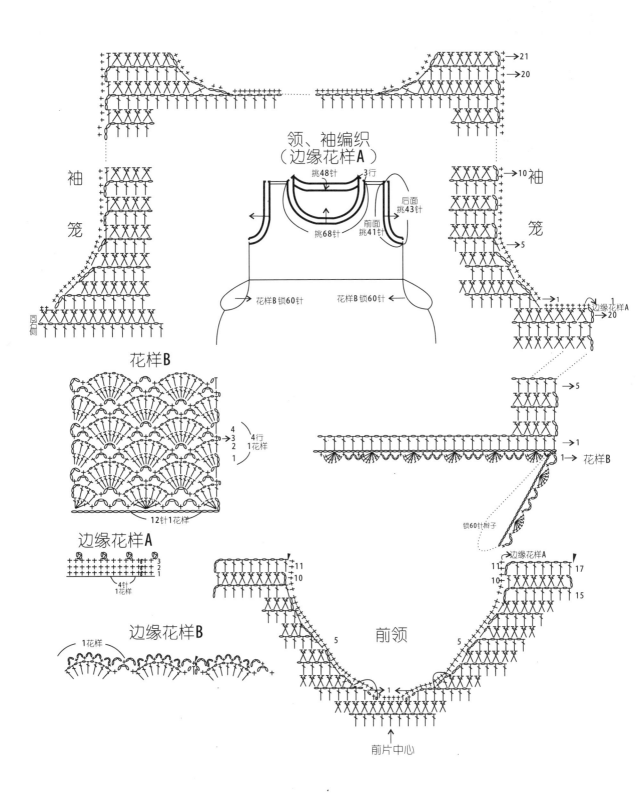

领、袖编织
（边缘花样A）

挑48针　3行
后面挑43针
挑68针　前面挑41针

花样B 锁60针　花样B 锁60针

袖笼　原侧　　　　　　　　　袖笼

花样B

4行1花样
12针1花样

边缘花样A
4针1花样

边缘花样B
1花样

前领

锁60针辫子

花样B

前片中心

16

白色桌布衣

* 使用线：ka N5 蕾丝 / 5 团

* 使用针号：3/0

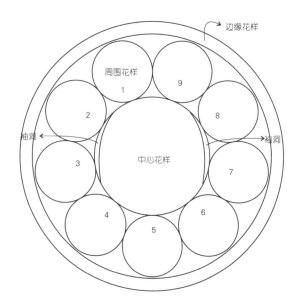

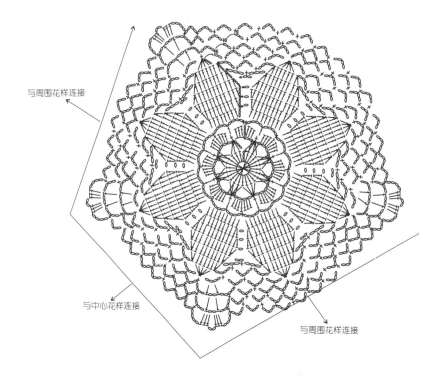

边缘花样

中心花样

17

白色长方形带袖披肩工艺图

* 使用线：ka N5 蕾丝 / 5 团

* 使用针号：3/0

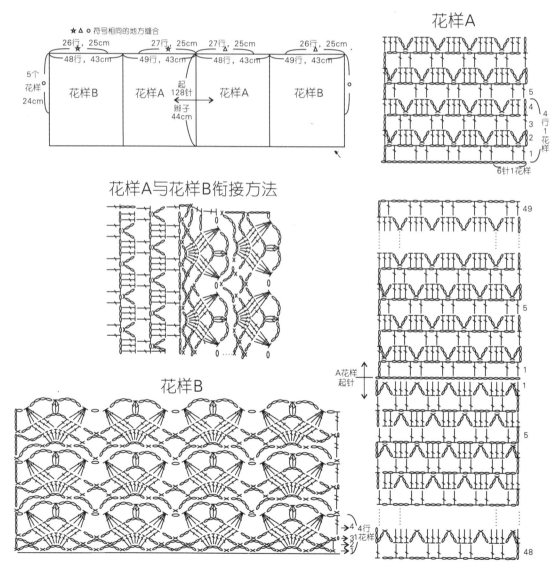

18

紫色拼花小衫

* 使用线：ka N5 蕾丝 / 5 团
* 使用针号：3/0

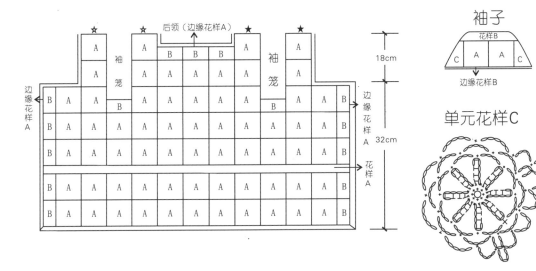

袖子

单元花样C

单元花样A

单元花样B

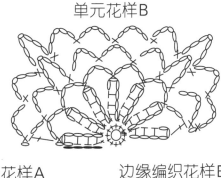

边缘花样A

边缘编织花样B

花样A

花样B

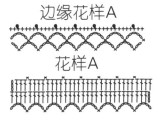

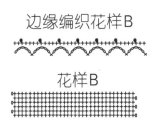

袖子示意图

3条线表示在这3条短
针上钩一行倒短针

C花与A花拼接示意

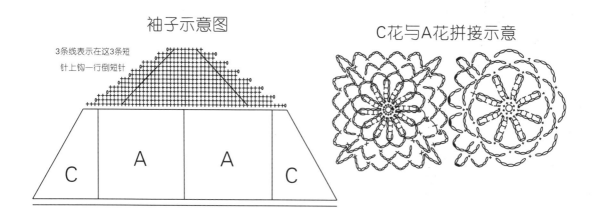

花样拼接示意图

边缘花样

19

蓝色开衫

* 使用线：段染棉麻

* 使用针号：2.25 钩针

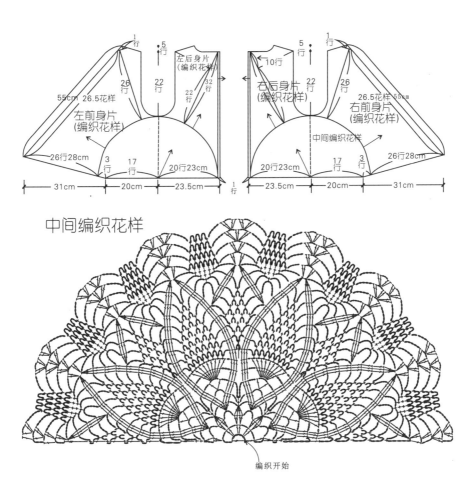

中间编织花样

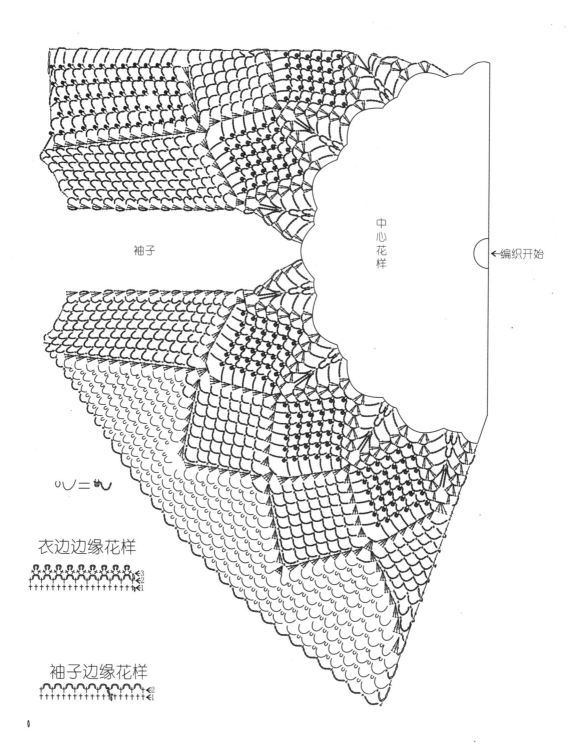

袖子

中心花样

←编织开始

∪∪=ᵗᵘᵘ

衣边边缘花样

袖子边缘花样

20

藏蓝披肩

* 使用线：5 号纯棉蕾丝
* 使用针号：2.5 钩针

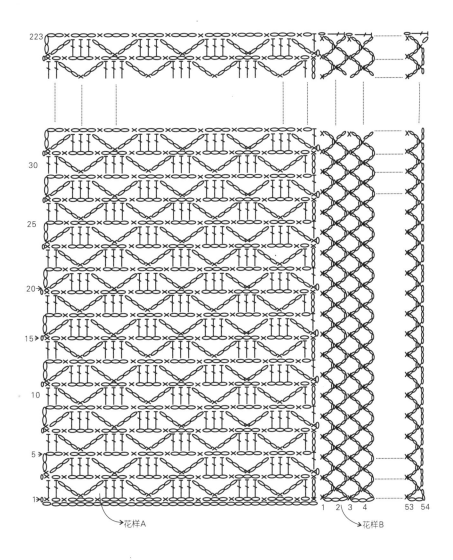

→花样A

→花样B

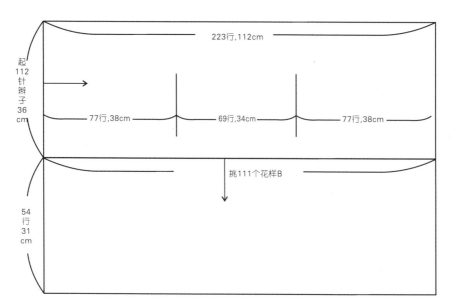

223行,112cm

起112针辫子36cm

77行,38cm —— 69行,34cm —— 77行,38cm

挑111个花样B

54行31cm

身子分袖部分示意图

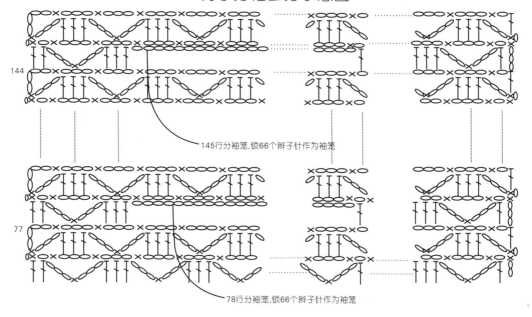

144

145行分袖笼,锁66个辫子针作为袖笼

77

78行分袖笼,锁66个辫子针作为袖笼

图书在版编目(CIP)数据

卡卡手作 : 蕾丝物语 / 张卡著. --
北京 : 中国建材工业出版社，2015.7
ISBN 978-7-5160-1035-8

Ⅰ．①卡… Ⅱ．①张… Ⅲ．①手工艺品－制作 Ⅳ．
①TS973.5

中国版本图书馆CIP数据核字(2015)第107623号

蕾丝物语

张卡 著

出版发行：中国建材工业出版社
地　　址：北京市海淀区三里河路1号
邮　　编：100044
经　　销：全国各地新华书店
印　　刷：北京中科印刷有限公司
开　　本：787mm×1092mm　1/16
印　　张：4.75
字　　数：80千字
版　　次：2015年7月第1版
印　　次：2015年7月第1次
定　　价：29.80元

本社网址：www.jccbs.com.cn　　微信公众号：zgjcgycbs
广告经营许可证号：京海工商广字第8293号
本书如出现印装质量问题，由我社网络直销部负责调换。联系电话：（010）88386906